PUDONG WETLANDS

科学出版社

内容简介

2011 ~ 2012 年，为了摸清浦东新区湿地资源现状、掌握湿地资源动态变化情况，厘清在生态文明建设背景下加强湿地保护以及在湿地合理利用和科学管理上遇到的问题，同时探讨有效的对策，在国家林业局及上海市绿化和市容管理局的统一安排部署下，浦东新区完成了第二次湿地资源调查工作。本书在第二次全国湿地资源调查的成果上，综合各方资料，从自然概况、湿地资源现状与变化、湿地生物多样性、重要湿地和湿地资源保护、利用与管理五个方面介绍了浦东新区的湿地资源情况。通过对浦东湿地资源保护利用和管理情况的介绍，为浦东新区湿地资源的科学合理利用提供了较为翔实的数据支撑和科学建议。

本书适用于从事湿地管理的相关政府部门人员、湿地生态保护研究的科研人员阅读，也可供广大爱好湿地保护的其他读者参考。

图书在版编目（CIP）数据

浦东湿地/罗家渊主编. —北京：科学出版社，2016.11

ISBN 978-7-03-050426-5

Ⅰ.①浦… Ⅱ.①罗… Ⅲ.①沼泽化地－生态恢复－研究－浦东新区 Ⅳ. ①P942.513.78

中国版本图书馆CIP数据核字（2016）第262767号

责任编辑：许 健

责任印制：谭宏宇／封面设计：殷 靓

科学出版社 出版

北京东黄城根北街 16 号

邮政编码：100717

http://www.sciencep.com

上海锦佳印刷有限公司印刷

科学出版社发行 各地新华书店经销

*

2016 年 11 月第 一 版 开本：12（787×1092）

2016 年 11 月第一次印刷 印张：14 1/2

字数：249 000

定价：260.00 元

（如有印装质量问题，我社负责调换）

前言

作为地球三大生态系统之一，湿地因其独特的生态系统功能，有着“地球之肾”、“淡水之源”、“鸟类乐园”和“天然物种库”的美誉，与人类的生存、繁衍和发展息息相关。湿地除了具有净化水质、调节局部气候、储碳固碳、提供生物栖息场所等生态功能外，还具有提供动植物产品、涵养水源、蓄洪防旱、旅游与科教、传承文化等社会经济功能，是地球上生物物种赖以生存的重要场所和人类经济社会发展的战略资源。

浦东新区地处长江口，是一个建立在湿地上的国家级新区。因其“滨江临海”的优越自然地理区位，湿地资源极其丰富。据调查，浦东新区共有湿地 123007.27 公顷，约占浦东新区国土空间的 49.03%。湿地对浦东新区的社会经济发展有着十分重要的作用。浦东新区的发展史就是一部以湿地形成、利用、保护与发展的历史，伴随着浦东新区社会经济的不断发展，湿地资源体现了其重要的经济、生态价值。近几十年，湿地资源（特别是近海与海岸湿地）为浦东新区的经济发展提供了超出 1 万公顷的土地资源，为工农业生产和城市建设提供了广阔的发展空间；占湿地总量 90% 的近海与海岸湿地为国际候鸟迁徙提供了重要栖息停歇地，为浦东新区乃至上海市提供了生态安全屏障，在防洪、海岸侵蚀以及风暴潮防护方面起到至关重要的作用；湿地同时是生物多样性和生态文明建设的载体，全区约 70% ~ 80% 的野生动植物种类生活在湿地中；湿地也为浦东新区提供了丰富的湿地产品，以及航运、排水、污水净化、景观、休闲旅游等经济和生态服务。因此，湿地对浦东新区“四个中心”建设、生态文明建设以及国民经济社会可持续发展都作出了巨大贡献。

党的“十八”大明确了建设中国特色社会主义“五位一体”的总布局，把生态文明建设放到更加突出的位置。浦东新区“十二五”规划纲要提出，要建设“生态宜居浦东”，坚持绿色发展，大力建设生态文明。而湿地作为城市生态网络的重要组成部分，是城市生态文明建设的重要载体和基础，也是城市社会经济可持续发展的重要保障。

本书基于第二次湿地资源调查的成果上完成，提供了上海浦东新区资源数据，包括浦东新区自然地理特征、地貌、土壤、降水等数据；介绍了湿地资源状况，如湿地类型、分布、数量以及主要生态特征；描述了浦东新区湿地植物、湿地动物及重点湿地保护与利用情况等。本书不仅可为浦东新区湿地资源保护管理和可持续利用等提供科学依据，也为上海市湿地研究提供了宝贵意见和重要参考。

特别感谢上海市绿化和市容管理局、上海市与浦东新区林业、环保、水务（海洋）和农业部门的大力支持与协助，感谢所有参加湿地资源调查的单位和调查队员的通力合作和辛勤工作。感谢本画册中相片提供单位和个人，照片提供单位和个人主要有上海市野生动植物保护协会、上海市九段沙湿地自然保护区管理署、上海市野生动植物保护管理站袁晓。感谢编写人员的辛勤劳作。华东师范大学河口海岸国家重点实验室的袁琳、吴文挺、朱春娇、葛芳为本书的出版付出了辛勤的汗水，在此谨向他们表示深深的谢意。

编者

目录

第一章　概况

浦东新区地处上海市东部区域，位于我国海岸带中部，长江和钱塘江入海汇合处，是长江三角洲东缘的一块扇形土地，有着独特的地理优势和发展空间。1990 年，中共中央和国务院决策浦东开发开放。1992 年 10 月 11 日，国务院批复设立上海市浦东新区。2009 年，国务院同意撤销上海市南汇区，将其行政区域并入上海市浦东新区。至 2013 年，全区面积 1210.41 平方千米，其中耕地面积 2.14 万公顷。户籍 109.87 万户，户籍人口 283.79 万人。全区下辖 13 个街道、24 个镇，有居民委员 829 个、村民委员会 371 个。2013 年，全区完成地区生产总值 6448.68 亿元，占全市生产总值的 29.9%，其中第一产业增加值 31.28 亿元，第二产业增加值 2262.39 亿元，第三产业增加值 4155.01 亿元。浦东新区是上海乃至全国重要的交通枢纽。

自然地理

浦东新区位于上海市东部、长江三角洲东缘，东濒东海，南临杭州湾，西倚黄浦江，与奉贤区、闵行区两区相邻，西北分别与徐汇、黄浦、虹口、杨浦、宝山 5 区隔江相望。其地理范围位于东经 121°26′ ~ 121°59′，北纬 30°50′ ~ 31°23′。浦东新区全区陆域面积 1429.67 平方千米，占上海市土地总面积的 19.1%。区内海岸线长 105.93 千米，黄浦江岸线长 43.5 千米。交通便利，腹地广阔，地理位置优越。

江苏省
浙江省
浦东新区
长兴岛
宝山区
横沙岛
中心城区
九
段
沙
浦东新区
闵行区
东
海
奉贤区
金山区

地貌

据据全新世以来地貌的成因、形态、物质组成及发青年龄等标志，全区划分为老、早、中、新滨海平原区以及潮滩区。

老滨海平原区　　以咸塘港力界，在本区周浦、北蔡、航头一线以西以及陆家嘴街通以南地区，面积为 1.42 万公顷，约占全区总面积的 10.2%。区内海拔高程为 2.5 ~ 3 米，主要由亚黏土夹粉砂组成，发育了沟干泥、夹沙泥等土壤类型。

早滨海平原区　　分布于老滨海平原区东侧，其东界为浦东运河 (钦公塘)。包活高桥镇、高行镇、新场镇、宣桥镇、张江镇、唐镇、川沙新镇、金桥镇、周浦镇、康桥镇等镇及洋泾街道以北各街道，面积约为 5.79 万公顷，约占全区面积的 41.4%。区内海拔高程为 3.2 ~ 3.5 米。主要由亚黏土夹粉细砂组成。土壤以黄泥为主，局部为沙泥。

中滨海平原区　　分布于早滨海平原区的东南侧，东界为东海、老港、施湾一线，向东南呈弧状突出。包括泥城镇、万祥镇、大团镇、惠南镇、合庆镇、曹路镇及高东镇部分区域，面积约为 3.33 万公顷，占全区面积的 23.8%。区内海拔高程为 3.5 ~ 4.0 米。由亚黏土与粉砂组成。

新滨海平原区　　分布于中滨海平原区的东侧与南侧，与现代岸线平行。系近百年来形成的滨海平原，包括书院镇、老港镇、南汇新城镇大部分以及祝桥东部，面积为 3.43 万公顷，占全区面积的 24.6%。海拔高程 2.0 ~ 2.7 米。主要由黏土质粉砂组成。土壤因脱盐程度低，仍具较强盐质化，故多为盐土。

潮滩区　　分布于新滨海平原的东侧与南侧的海岸外地带。滩内平均坡度 1% ~ 3%，宽度 1000 ~ 3000 米。沉积物主要由长江供给，以粉砂为主，平均粒径从低潮坪向高潮坪逐渐变细，含泥量增加，分选性变差。

河口心滩、沙洲
早滨海平原
拦门沙带潮间浅滩
老滨海平原
落潮槽
航道拦门沙
涨潮槽
海积、湖积平原
潮滩
河口沙咀
中滨海平原
三角洲前缘斜坡
新滨海平原

土壤

浦东新区土壤较为单一，共 3 个土类、4 个亚类、11 个土属。主要土类有水稻土、潮土、滨海盐土等。浦东新区土壤是在长江上游不同时期沉积母质发育形成的自然土壤基础上，经过人类耕作熟化和定向培育而形成的农业土壤类型。其类型呈南北带状，自西向东依次有规律排列。老护塘以西成陆较早，为高度熟化的黄泥，属高产土壤，是本区土壤的主体部分。

黄潮泥
菜园灰潮土
黄泥
园林灰潮土
潮砂泥
挖垫灰潮土
黄夹砂
滨海盐土
砂夹黄
盐化土
灰潮土
建成区

降水

浦东新区年平均降水量约为 1100 毫米，雨日约 131 天。降水主要由春雨、梅雨、秋雨、雷暴雨和冬雨等构成。全年降水集中于春雨、梅雨、秋雨。冬季少雨。春雨从 2 月底 3 月初开始逐渐增多，至 5 月中旬为春雨最多时期。6 月中旬到 7 月下旬梅雨季节，连续阴雨，日照少，高温闷热。浦东新区常年平均入梅期是 6 月 13 日，7 月 7 日出梅，持续 25 天，平均降水量为 195.2 毫米，约占全年降水量的 20%。每年 5 ~ 9 月为汛期；降水量平均为 697.8 毫米，平均每个月降水量 100 毫米以上，占全年总降水量的 60% 以上。每年常出现由于热带风暴、局部地区雷暴和和特殊天气变化造成的暴雨。

1130
1160
1080
1140
1120
1170
1150

气温

浦东新区地处北亚热带南缘、东亚季风盛行的滨海地带，属海洋性气候，四季分明，温度适中。受海洋调节影响，夏天昼热夜凉，冬天日暖晚寒。中东部沿海地区气温偏低，西南部和西北部地区受上海市工业区热岛效应影响，气温偏高。浦东新区土壤表面年平均温度为 19.0℃，比平均气温（15.5℃）高 3.5℃。土壤温度浅土层 5 厘米、10 厘米的两个深度，历年平均地温分别为 17.4℃、17.2℃，比平均气温（15.5℃）偏高 1.7 ~ 1.9℃。

15.4
16
15.8
15.9
15.7
15.6

日照

浦东新区年平均日照总量为 2068.6 小时，年均日照时数有着“西北长、东南短”的特点。1959 ~ 1985 年日照总量年平均为 2079.1 小时，最多年份 1978 年为 2442.8 小时，最少年份 1970 年为 1828.1 小时。浦东新区年平均太阳辐射总量为 477.9 千焦 / 平方厘米。据 1959 ~ 1981 年的统计资料，太阳辐射总量最多年份 1978 年为 526.8 千焦 / 厘米 ^{2}，最少年份 1960 年为 450.7 千焦 / 厘米 ^{2}，夏季强、冬季弱，与温度年变化基本一致。

2060
2030
2000
1970
1910
1940

风

浦东新区受季风的影响明显。每年 5 月至 9 月，风从东南海洋上吹来，气候湿热多雨。10 月至次年 4 月，风从西北内陆吹来，气候较干寒。一年中东南风最多，西北风及东北风居次，西南风最少。冬季受寒潮侵袭时风速可达 16 米 / 秒，大年平均风速有着“内陆小、海域大”的特点。每年 7 ~ 9 月常受来自太平洋上的热带风暴侵袭。强热带风暴 10 年中常有 3 ~ 4 次。

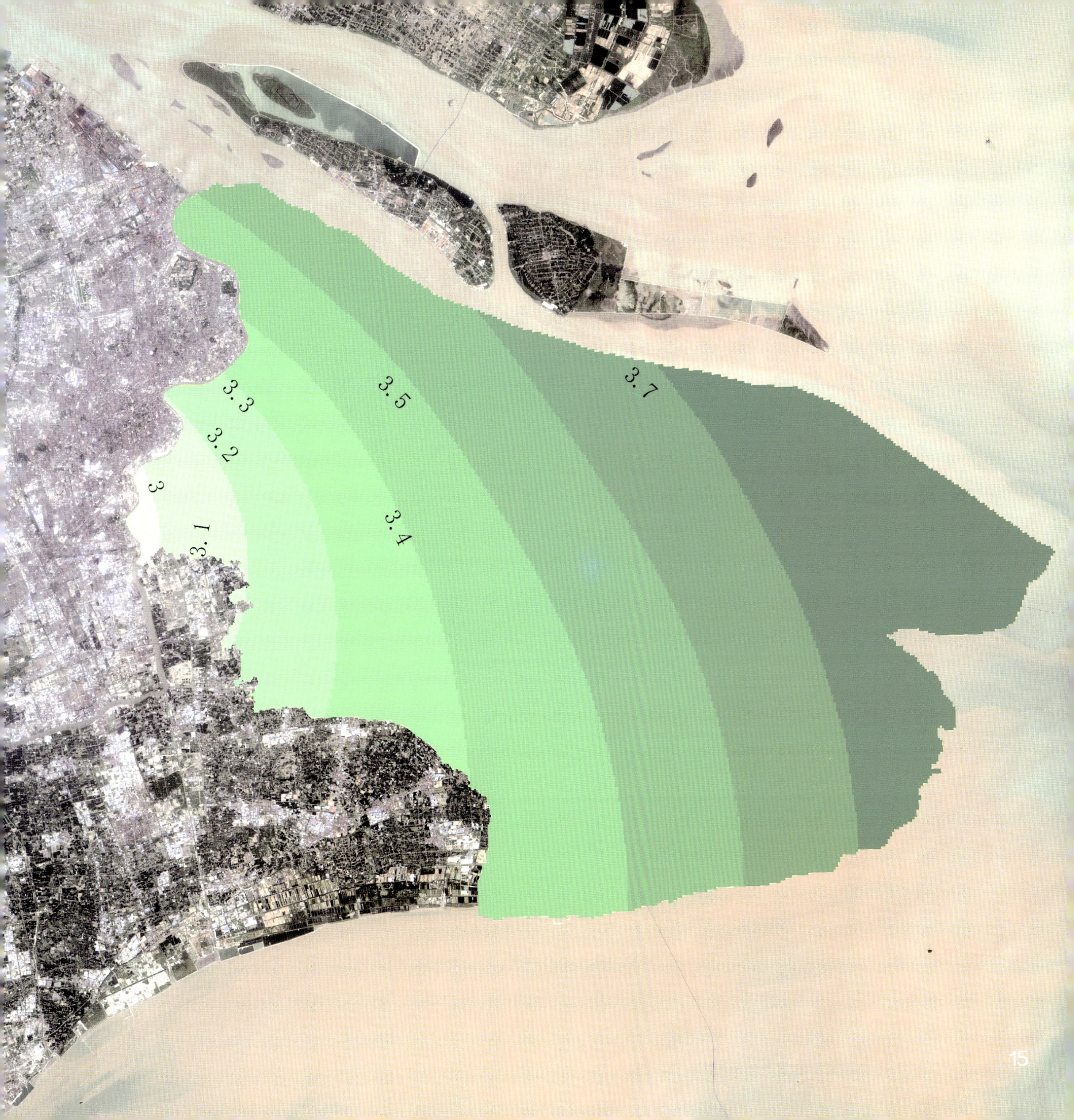
3.7
3.5
3.3
3.2
3
3.1
3.4

水系

浦东新区地处黄浦江下游和长江入海口南侧，三面环水，有着依水而生、因水而兴的的独特地理优势。水网稠密，各河流彼此沟通，水流缓慢。浦东新区属黄浦江水系，为平原河网感潮区，河网密布，河港纵横交叉，区内水系发达，淡水资源丰富。据《上海市浦东新区水面积遥感更新调查项目报告（2010年）》调查数据显示，在不包含黄浦江的情况下，浦东新区共有河道12754条（段），河道总长度达到7477千米。其中市区级河道总长度为793千米，占10.61%；镇级河道1107千米，占14.81%；村级河道3524千米，占47.13%。

区内贯穿东西的主要河流有大治河、川杨河和张家浜，南北向的主要河流有黄浦江、浦东运河和随塘河。大治河西起黄浦江，东入东海。长36千米，平均河宽102米。枯水期航道水深4.2米，高程-2米，底宽64米。川杨河和张家浜西起黄浦江，东至长江口。其中，川杨河全长28.7千米，河道宽约70米；张家浜全长23.5千米，是上海首条生态景观河。黄浦江源于青浦区的淀山湖，至吴淞口入长江，全长114千米，浦东新区内长度为43.5千米，河宽500～700米，最大水深17.4米，航道最浅处水深9.1米。浦东运河北起沙港桥，南至奉贤区的沿塘港，全长约36千米。随塘河北起黄家湾，往南到芦潮港转向西行，进入奉贤区境内，迄于金汇港。长约100千米。面宽23～28米，底宽6～15米，底高吴淞0米。

林绿地

2013 年，全区土地总面积 121041 公顷。其中，林地面积 19218.468 公顷，占 15.88%；非林地面积 101822.532 公顷，占 84.12%。

在林地面积中：有林地面积 12163.442 公顷；疏林地 102.073 公顷；灌木林地面积 5455.027 公顷；未成林面积 1478.112 公顷；苗圃地面积 14.015 公顷；无立木林地面积 5.799 公顷。

全区森林面积为 15562.591 公顷，其中乔木林地面积 11822.587 公顷，竹林地面积 340.855 公顷，国家特别灌木林地面积 3399.149 公顷。全区森林覆盖率为 12.86%。

全区公益林面积 14096.536 公顷。其中沿海防护林面积 1342.273 公顷，占公益林面积的 9.52%；通道林面积 5499.096 公顷，占 39.01%；水源涵养林面积 56.739 公顷，占 0.40%；污染隔离林面积 256.131 公顷，占 1.82%；生态片林面积 197.260 公顷，占 1.40%；其他特用林面积 6737.009 公顷，占 47.79%。

第二章　湿地资源现状与变化

浦东新区因其“滨江临海”的优越自然地理区位，湿地资源极其丰富。20 世纪 90 年代上海市开展了第一次湿地资源调查，距今已有 20 余年。在此期间，浦东新区湿地资源发生了巨大变化，面临着人类活动和全球变化等要素的复合影响。

为摸清浦东新区湿地资源现状，掌握湿地资源动态变化情况，厘清在生态文明建设背景下加强湿地保护、合理利用和科学管理上遇到的问题，同时探讨有效的对策，在国家林业局和上海市绿化和市容管理局（上海市林业局）的统一部署下，浦东新区在 2011 ~ 2012 年完成第二次湿地资源调查工作，查清了浦东新区湿地资源现状，掌握了湿地生物多样性与生态环境情况，分析了湿地保护利用和受威胁状况，并提出相应的湿地修复、保护和管理对策。

根据《上海市第二次湿地资源调查技术实施细则》规定，浦东新区第二次湿地资源调查的主要调查对象为全区范围内面积大于 5 公顷的近海与海岸湿地、湖泊湿地、沼泽湿地、人工湿地，宽度在 10 米以上、长度在 5 千米以上的河流湿地，以及其他具有特殊保护意义的湿地。

近海与海岸湿地

浦东新区近海与海岸湿地共 5 个湿地型：浅海水域、淤泥质海滩、潮间盐水沼泽、河口水域、三角洲 / 沙洲 / 沙岛。总面积 109985.77 公顷，占浦东新区湿地总面积的 89.41%。

近海与海岸湿地主要分布在杭州湾北岸、长江口南支南岸和九段沙。其中长江口南支南岸近海与海岸湿地面积最大，为 57349.79 公顷，所占比例为 52.14%；九段沙近海与海岸湿地面积为 52148.56 公顷，所占比例为 47.41%；杭州湾北岸近海与海岸湿地面积为 487.42 公顷。

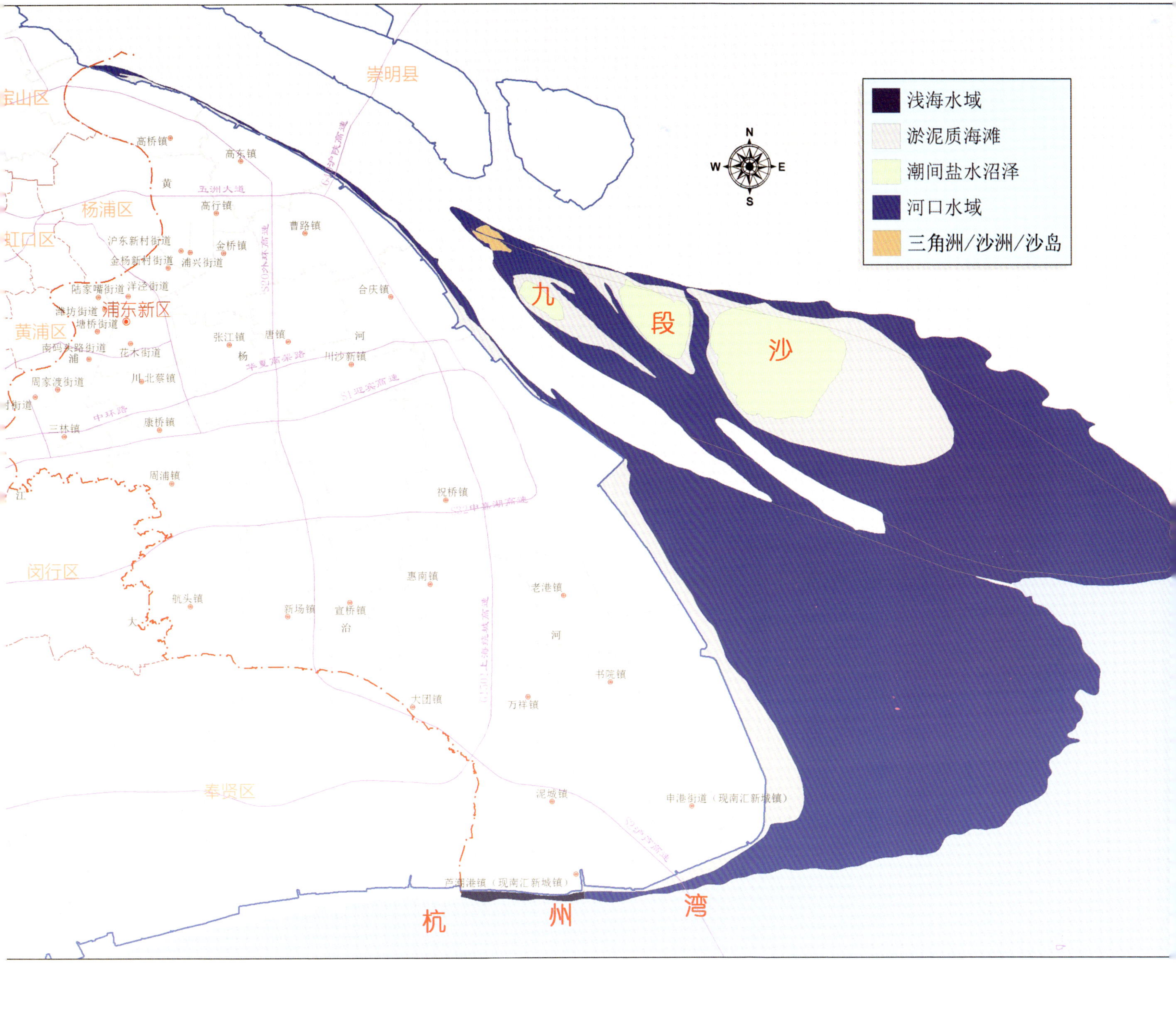
浅海水域
淤泥质海滩
潮间盐水沼泽
河口水域
三角洲/沙洲/沙岛
N
S
W
E
崇明县
宝山区
杨浦区
虹口区
黄浦区
浦东新区
闵行区
奉贤区
九
段
沙
杭
州
湾
高桥镇
高东镇
高行镇
曹路镇
金桥镇
沪东新村街道
金杨新村街道
浦兴街道
陆家嘴街道
洋泾街道
潍坊街道
塘桥街道
南码头路街道
花木街道
张江镇
唐镇
合庆镇
川沙新镇
周家渡街道
川北蔡镇
三林镇
康桥镇
周浦镇
祝桥镇
惠南镇
老港镇
航头镇
新场镇
宣桥镇
书院镇
大团镇
万祥镇
泥城镇
申港街道（现南汇新城镇）
芦潮港镇（现南汇新城镇）
五洲大道
中环路
S1迎宾高速

河流湿地

浦东新区中，河流湿地主要是永久性河流，即常年有河水径流的河流（仅包括河床部分）。浦东新区的永久性河流主要为黄浦江，其在区内的河流湿地面积为 1137.94 公顷，占浦东新区湿地总面积的 0.93%。

黄浦江流经高行镇、高桥镇、沪东新村街道、金杨新村街道、陆家嘴街道、南码头路街道、三林镇、上钢新村街道、塘桥街道、潍坊新村街道、洋泾街道和周家渡街道，共 3 个镇 9 个街道。区内黄浦江河流湿地在高桥镇的面积最大，为 284.21 公顷，所占比例为 24.98%。

沼泽湿地

浦东新区沼泽湿地总面积为 2237.68 公顷，占浦东新区湿地总面积的 1.82%。主要湿地型为草本沼泽，即由水生和沼生的草本植物组成优势群落的淡水沼泽。

全区沼泽湿地有集中分布的特点，大多分布于海堤内，主要是在圈围过程中形成还未受人类活动影响的区域。在浦东新区 24 个镇 13 个街道中，仅有老港镇和祝桥镇有草本沼泽分布，面积分别为 1235.15 公顷和 1002.53 公顷。

人工湿地

人工湿地是人类为了生活生产等目的而建造的包括库塘、运河输水河以及水产养殖场 / 种植塘在内的湿地区域。浦东新区人工湿地分布较广泛，类型也较丰富。浦东新区人工湿地总面积 9645.88 公顷（不含水稻田湿地），占浦东新区湿地总面积的 7.84%。其中主要为运河、输水河，面积为 7272.67 公顷，所占比例为 75.40%；水产养殖塘 / 种植塘面积为 1547.12 公顷，所占比例为 16.04%；库塘面积为 826.09 公顷，所占比例为 8.56%。

从空间分布上看，有“南多北少”以及“沿海多、内陆少”的特点。人工湿地面积较多的两个乡镇为老港镇和祝桥镇，面积分别为 1308.35 公顷、1230.47 公顷，分别占浦东新区人工湿地总面积的 13.56% 和 12.76%。

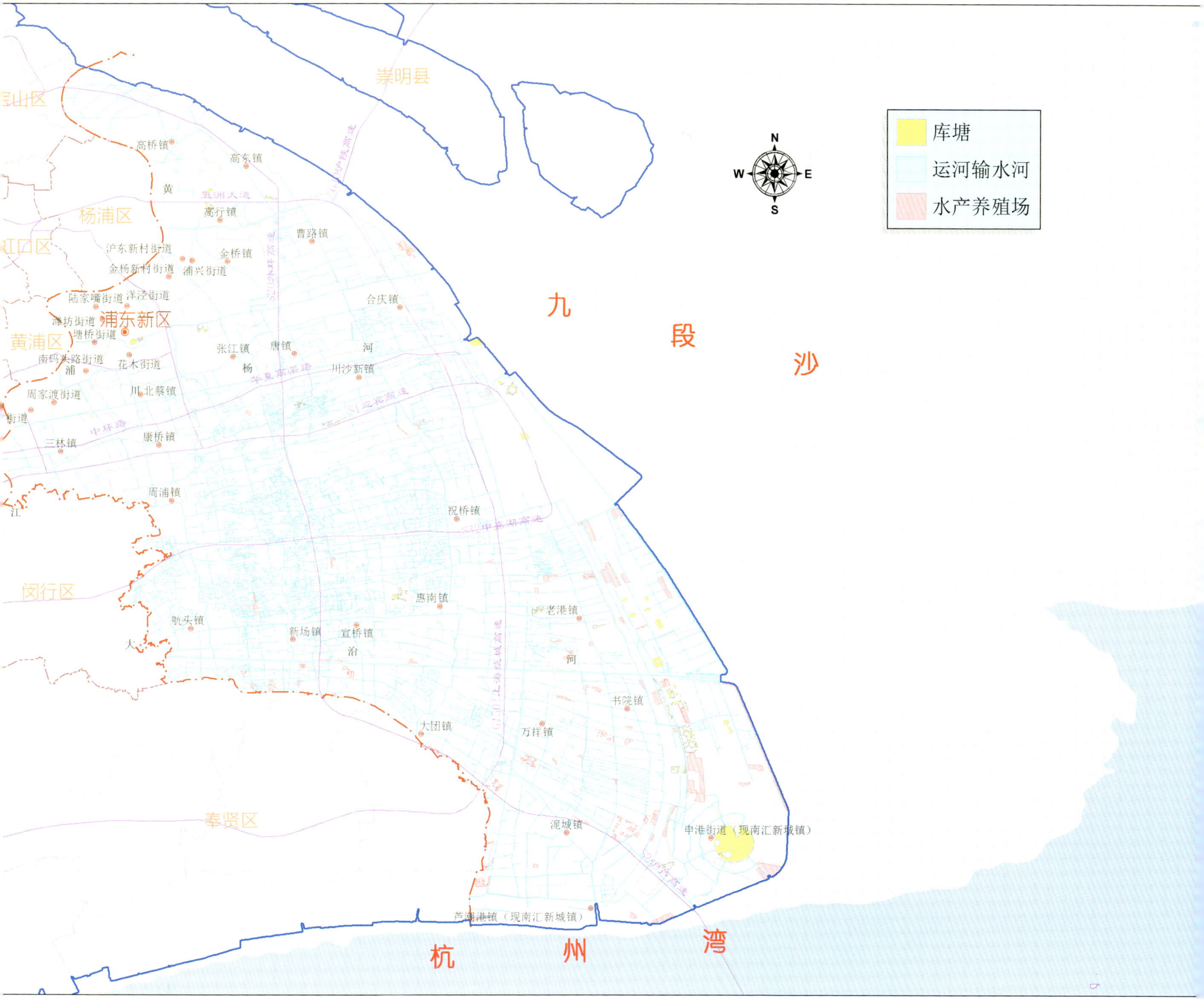
库塘
运河输水河
水产养殖场
N
W
E
S
崇明县
杨浦区
浦东新区
黄浦区
闵行区
奉贤区
九
段
沙
杭
州
湾
高桥镇
高东镇
高行镇
曹路镇
沪东新村街道
金杨新村街道
金桥镇
浦兴街道
陆家嘴街道
洋泾街道
潍坊街道
塘桥街道
合庆镇
张江镇
唐镇
川沙新镇
南码头路街道
花木街道
周家渡街道
川北蔡镇
三林镇
康桥镇
周浦镇
祝桥镇
惠南镇
老港镇
航头镇
新场镇
宣桥镇
书院镇
大团镇
万祥镇
泥城镇
申港街道（现南汇新城镇）
芦潮港镇（现南汇新城镇）
S1迎宾高速
中环路

潮间盐水沼泽

河口水域

淤泥质海滩

浅海水域

上海电气

水产养殖场 / 种植塘

运河、输水河

湿地资源分布

浦东新区湿地资源包括四个湿地类，10 个湿地型，总面积为 123007.27 公顷，湿地资源总量大、类型较多，占上海市总湿地面积的三分之一。

近海与海岸湿地中河口水域面积为 8.63 万公顷，占据了全区湿地总面积的 70.19%，其中淤泥质海滩面积为 1.57 万公顷，占全区湿地总面积的 12.73%；潮间盐水沼泽面积为 0.74 万公顷，占全区湿地总面积的 5.98%。人工湿地中运河、输水河湿地面积为 0.73 万公顷，占全区湿地总面积的 5.91%；水产养殖场 / 种植塘为 0.15 万公顷，占全区湿地总面积的 1.26%；库塘面积为 0.08 万公顷，占全区湿地面积的 0.67%。沼泽湿地中草本沼泽面积为 0.22 万公顷，占全区湿地面积的 1.82%，占整个上海市沼泽湿地的四分之一。河流湿地中永久性河流面积为 0.11 万公顷，占全区湿地总面积的 0.93%。

原生态湿地比重大，生态作用突出，浦东新区有着长江口地区唯一基本保持原生态的河口湿地——九段沙湿地国家级自然保护区。

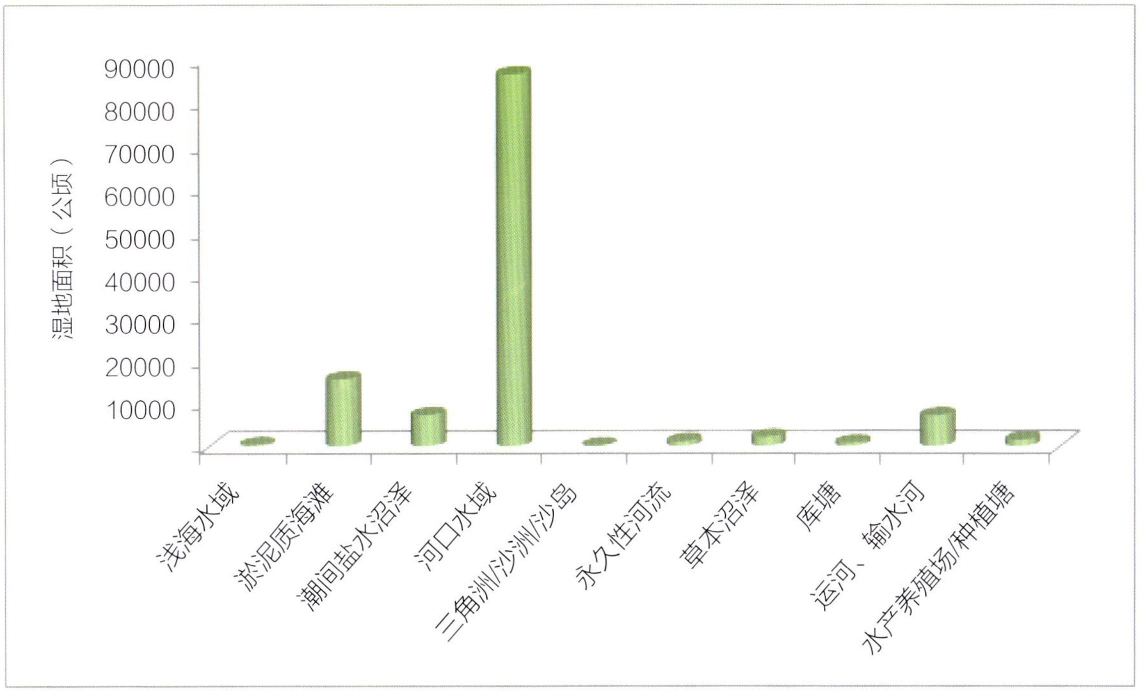

浦东新区各湿地类湿地型面积统计表

湿地类	面积（公顷）	主要湿地型	面积（公顷）	比例（%）
近海与海岸湿地	109985.77	浅海水域	414.17	0.34
		淤泥质海滩	15653.66	12.73
		潮间盐水沼泽	7362.15	5.98
		河口水域	86341.35	70.19
		三角洲/沙洲/沙岛	214.44	0.17
河流湿地	1137.94	永久性河流	1137.94	0.93
沼泽湿地	2237.68	草本沼泽	2237.68	1.82
人工湿地	9645.88	库塘	826.09	0.67
		运河、输水河	7272.67	5.91
		水产养殖塘/种植塘	1547.12	1.26
总 计	123007.27		123007.27	100.00

湿地资源变化

1998 ～ 2000 年，在国家林业局（原林业部）的组织下，上海市开展了第一次大规模的湿地资源调查，调查湿地类型主要有四类 6 型，5 个重点调查湿地，湿地起始调查面积为 100 公顷。涉及浦东新区的主要斑块为长江口南支南岸川沙、南汇边滩和九段沙，湿地型仅有河口水域湿地，面积为 104651.71 公顷。2011 ～ 2012 年，上海市开展了第二次湿地资源调查，浦东新区调查湿地类型涉及四大类 10 型，2 个重点调查湿地，起始调查面积为 5 公顷。由于第一次、第二次湿地调查湿地斑块起调面积不同，调查湿地类型在划分标准体系上也有不同，湿地变化主要在同等类型同等条件下进行分析。总的来看，近十年来浦东新区湿地资源结构、分布和功能发生了较大变化，湿地资源总量相对减少，特别是近海与海岸湿地资源大量减少，人工湿地有所增加。

从湿地总面积来看，浦东新区第一次湿地调查湿地总面积为 104651.71 公顷，第二次湿地资源调查湿地总面积为 93554.17 公顷，湿地资源总量相比明显减少，减少值为 11097.54 公顷，减少率为 10.60%。这主要是由于浦东新区湿地中占主要地位的近海与海岸湿地在这十年中发生了较大变化，特别是临港新城、浦东机场等大型新城镇和大型工程的建设以及圈围工程的不断开展。此外，随着长江流域大型水文工程的建设，上游来水来沙量减少，致使浦东新区近海与海岸湿地淤积速率降低，部分区域还存在海岸带侵蚀现象。

第一次与第二次湿地资源调查湿地类型及面积变化分析表（公顷）

<table>
<tr><th colspan="3">第一次湿地资源调查</th><th colspan="3">第二次湿地资源调查</th><th rowspan="2">变化值</th></tr>
<tr><th>湿地类</th><th>湿地型</th><th>面积</th><th>湿地类</th><th>湿地型</th><th>面积</th></tr>
<tr><td rowspan="6">近海与海岸湿地</td><td>岩石海岸</td><td>0.00</td><td rowspan="6">近海与海岸湿地</td><td>浅海水域</td><td>414.17</td><td>414.17</td></tr>
<tr><td rowspan="2">淤泥质海滩</td><td rowspan="2">0.00</td><td>淤泥质海滩</td><td>15 653.66</td><td rowspan="2">23 015.81</td></tr>
<tr><td>潮间盐水沼泽</td><td>7 362.15</td></tr>
<tr><td rowspan="2">河口水域</td><td rowspan="2">104 651.71</td><td>河口水域</td><td>65 020.56</td><td rowspan="2">−39 417.38</td></tr>
<tr><td>三角洲 / 沙洲 / 沙岛</td><td>213.77</td></tr>
<tr><td>小计</td><td>104 651.71</td><td>小计</td><td>88 664.31</td><td>−15 987.40</td></tr>
<tr><td rowspan="2">沼泽湿地</td><td></td><td></td><td rowspan="2">沼泽湿地</td><td>草本沼泽</td><td>2 237.68</td><td>2 237.68</td></tr>
<tr><td>小计</td><td>0.00</td><td>小计</td><td>2 237.68</td><td>2 237.68</td></tr>
<tr><td rowspan="4">人工湿地</td><td rowspan="3">库塘</td><td rowspan="3">0.00</td><td rowspan="4">人工湿地</td><td>库塘</td><td>449.74</td><td>449.74</td></tr>
<tr><td>运河、输水河</td><td>1 876.86</td><td>1 876.86</td></tr>
<tr><td>水产养殖场 / 种植塘</td><td>325.58</td><td>325.58</td></tr>
<tr><td>小计</td><td>0.00</td><td>小计</td><td>2 652.18</td><td>2 652.18</td></tr>
<tr><td colspan="2">合计</td><td>104 651.71</td><td></td><td></td><td>93 554.17</td><td>−11 097.54</td></tr>
</table>

注：第二次湿地资源调查各湿地类型按斑块面积 100 公顷以上进行统计，近海与海岸湿地面积依照第一次湿地资源调查水深 −5 米同等标准计算。

湿地资源增加

九段沙湿地第一次调查时面积为 40610.88 公顷，依照低潮线 -5 米以上标准（近海与海岸湿地斑块均按低潮线 -5 米标准比较，下同）。本次调查面积为 42154.95 公顷，湿地面积增加 1544.07 公顷，增长 3.80%，主要是由于九段沙位于长江口拦门沙区域，加上深水航道南导堤水文影响效应，泥沙不断淤积，潮间盐水沼泽和淤泥质海滩湿地分布不断增长扩大。

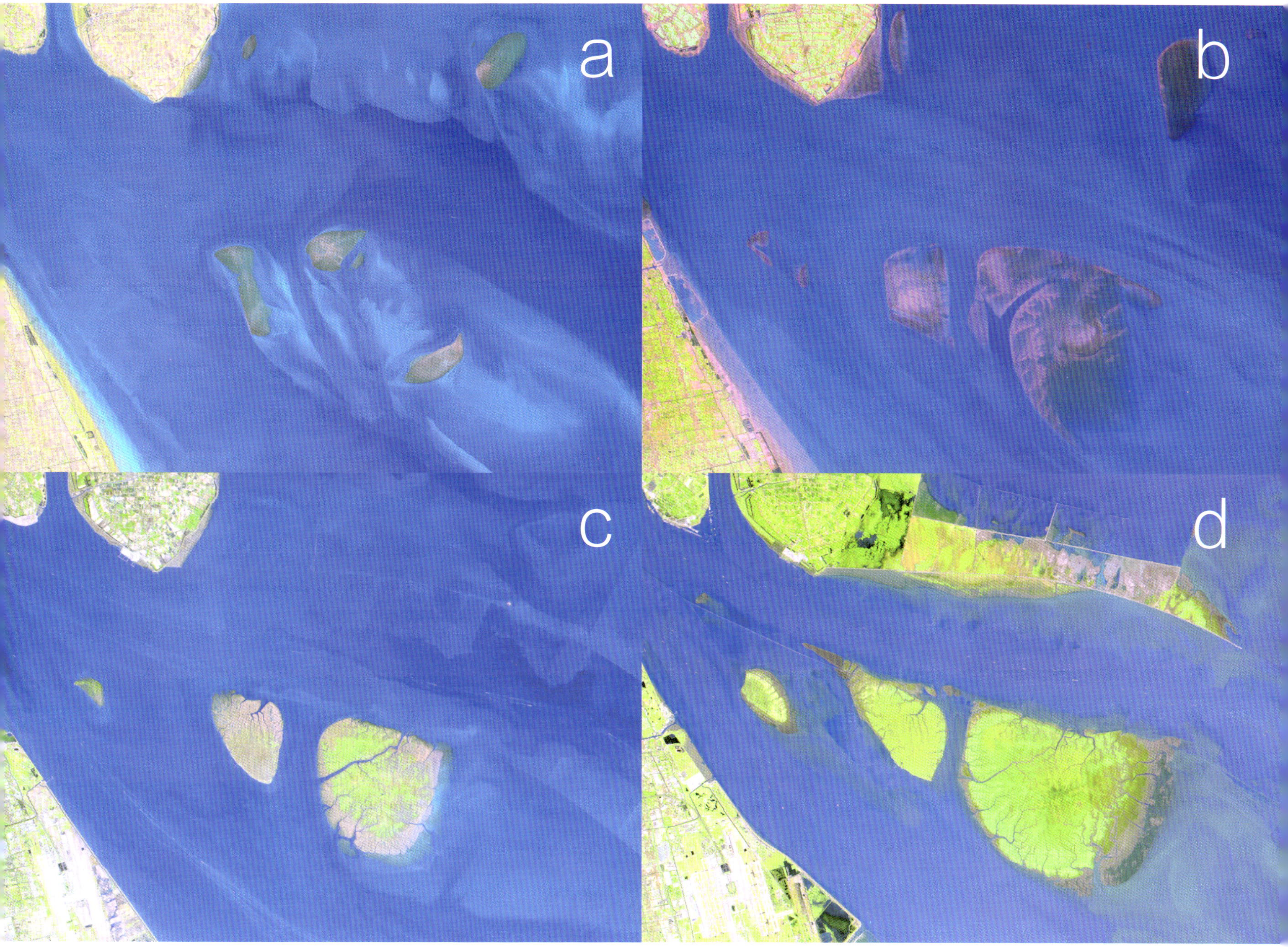

九段沙 TM 遥感影像图（a.1985 年；b.1995 年；c.2005 年；d.2015 年）

湿地资源减少

长江口南支南岸川沙、南汇边滩由第一次调查的 64040.83 公顷减少到 46021.94 公顷，面积减少 18018.89 公顷，减少率为 28.14%。主要是由于浦东新区临港新城建设、湿地圈围和河槽沙体侵蚀。

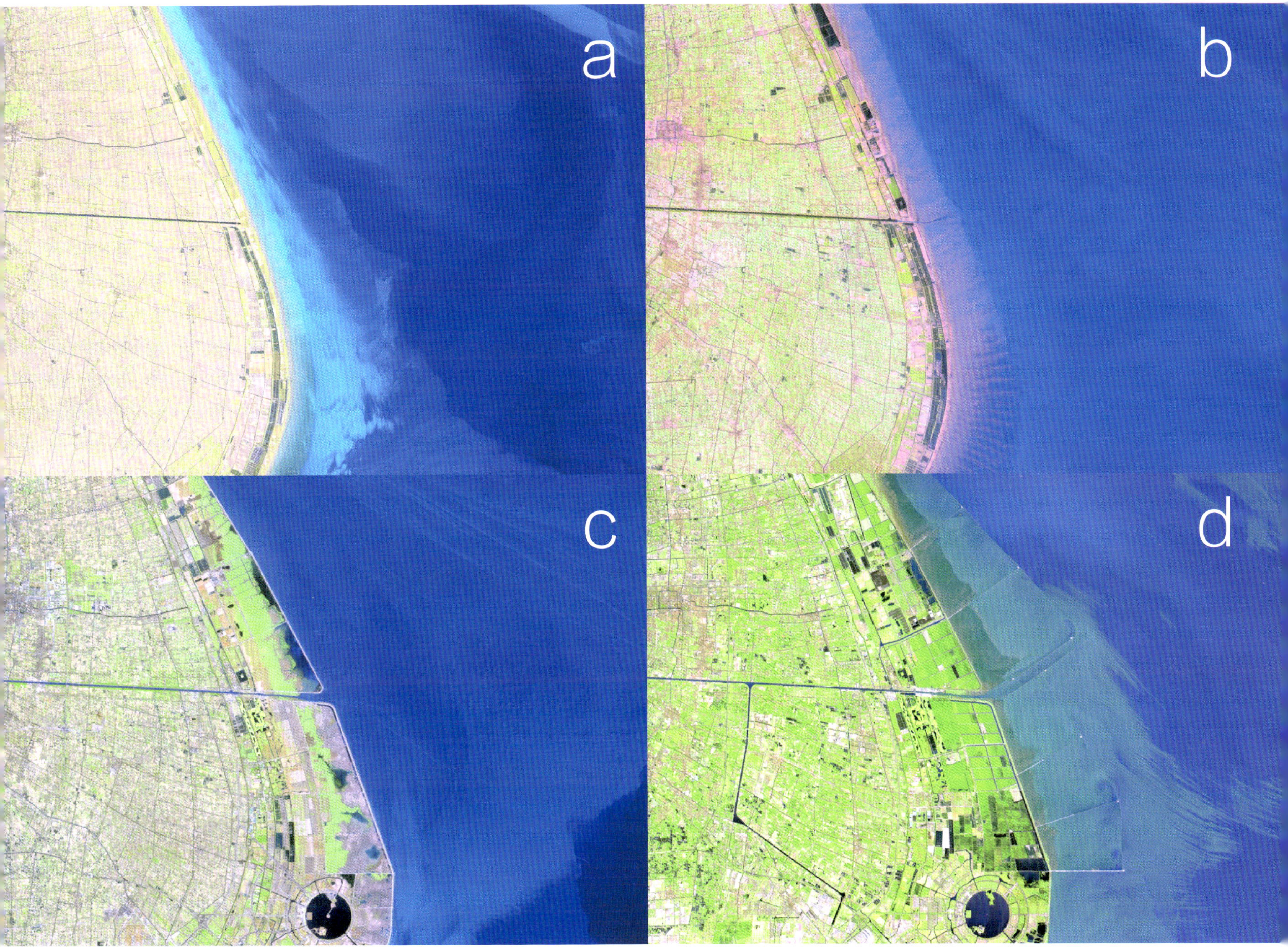

长江口南支南岸边滩近海与海岸湿地变化遥感图（a.1985 年；b.1995 年；c.2005 年；d.2015 年）

第三章　湿地生物多样性

浦东新区共有湿地维管植物 43 科 89 属 116 种（恩格勒系统），其中被子植物 39 科 84 属 111 种（含变种）、裸子植物 1 科 2 属 2 种、蕨类植物 3 科 3 属 3 种。被子植物是浦东新区湿地植物的主要组成部分。调查发现，浦东新区湿地植物中有国家级重点保护湿地植物 3 种，其中水杉和莲均为人工引种。全区湿地植被面积约 6826.37 公顷，占湿地总面积的 5.55%。浦东新区地处东亚—澳大利亚候鸟迁徙路线上，已成为过境候鸟停歇、觅食和越冬的重要栖息地。2008 年至今，浦东新区北部区域共记录到鸟类 107 种，南部区域记录到 180 种，单次最高记录数量过 2 万只。其中属于国家一级保护动物有 2 种（白鹤、东方白鹤）、国家二级保护动物 17 种；属上海市重点保护鸟类 5 种；属濒危野生动植物物种国际贸易公约（CITES 公约）附录 I 动物 4 种、附录 II 动物 11 种。另外，全区共有大型底栖动物 87 种，其中节肢动物 42 种、软体动物 25 种、环节动物 13 种、腔肠动物和纽形动物均为 1 种。主要物种有 4 种，为无齿螳臂相手蟹、河蚬、缢蛏和中国绿螂。重点湿地内共有鱼类 15 目 24 科 49 种，其中九段沙湿地国家级自然保护区共鉴定出鱼类 38 种，隶属于 11 目 18 科；南汇东滩野生动物禁猎区内共鉴定出鱼类 27 种，隶属于 12 目 15 科。

湿地植物

浦东新区地处北亚热带南缘、东亚季风盛行的滨海地带，属海洋性气候，四季分明，降水充沛，光照较足，温度适中，适于植物的生长。

全区湿地植被面积约 6826.37 公顷，占湿地总面积的 5.55%。主要分布于近海与海岸湿地中的潮间盐水沼泽、沼泽湿地中的草本沼泽以及人工湿地中的运河、输水河。潮间盐水沼泽中植被覆盖度在所有湿地型中最高，植被覆盖度为 72.88%。全区湿地植被群系共分为 2 个植被型组，即草丛湿地植被型组和浅水植物湿地植被型组；6 个植被型，分别为莎草型湿地植被型、禾草型湿地植被型、杂类草湿地植被型、漂浮植物型、浮叶植物型和沉水植物型；29 个植物群系。

藨草

海三棱藨草

菰

碱蓬

互花米草

束尾草

芦竹

萝摩

糙叶薹草

芦苇

香蒲

碱菀

梭鱼草

睡莲

菱

水葱

穗状狐尾藻

竹节水松

鸟类

浦东新区地处东亚—澳大利亚候鸟迁徙路线上，已成为过境候鸟停歇、觅食和越冬的重要栖息地。2008 年至今，浦东新区北部区域共记录到鸟类 107 种，南部区域记录到 180 种。单次最高记录数量过 2 万只，其中属于国家一级保护动物的有 2 种（白鹤、东方白鹳）、国家二级保护动物 17 种；属上海市重点保护鸟类 5 种；属濒危野生动植物物种国际贸易公约（CITES 公约）附录 Ⅰ 动物 4 种、附录 Ⅱ 动物 11 种。同时，记录到的黄嘴白鹭、三趾鹬的数量超过了其世界种群数量的 1% 标准。浦东新区每年 3 月至 6 月主要候鸟为鸻鹬类，9 月至次年 2 月则以雁鸭类候鸟为主。本区留鸟的优势种主要有麻雀、白头鹎、乌鸫、珠颈斑鸠、灰喜鹊、八哥等。

环颈鸻

小鸊鷉

赤颈鸭、罗纹鸭

小天鹅

白腰杓鹬

中杓鹬

反嘴鹬

斑嘴鸭

停歇的鸻鹬群

游隼

鸳鸯

迁徙中的鸻鹬群

灰头鹀

绿头鸭

震旦鸦雀

东方鸻

遗鸥

白尾鹞

大白鹭

苍鹭

蒙古沙鸻

白腹鸫

黑腹滨鹬

中华攀雀

棕扇尾莺

织女银鸥

鱼类

浦东新区湿地内共有鱼类 15 目 24 科 49 种，其中九段沙湿地国家级自然保护区共鉴定出鱼类 38 种，隶属于 11 目 18 科；南汇东滩野生动物禁猎区内共鉴定出鱼类 27 种，隶属于 12 目 15 科。

根据鱼类生态类型划分为：洄游性鱼类 5 种，主要是中华鲟、刀鲚、凤鲚、有明银鱼和暗纹东方鲀；河口性鱼类 19 种，主要是大银鱼、多鳞四指马鲅、棱鲅、鲅、中国花鲈、棘头梅童鱼、阿部鲻虾虎鱼、大弹涂鱼、窄体舌鳎、双斑东方鲀、陈氏新银鱼等。其中有些种类可以进入纯淡水区，主要为九段沙附近可见的大银鱼和南汇东滩禁猎区的陈氏新银鱼；淡水鱼 10 种，主要是在九段沙和南汇东滩皆有分布，主要是鲤、长蛇鮈等鲤形目鱼类和长吻鮠等鲶形目鱼类等；近海及海洋性鱼类 18 种，如尖吻蛇鳗、中华海鲇、尖海龙等。九段沙湿地国家级自然保护区和南汇东滩野生动物禁猎区均以鲈形目种类居多，中国花鲈为这两块湿地的共同优势种。

1. 北鲳；2. 窄体舌鳎；3. 刀鲚；4. 小黄鱼

中华海鲇

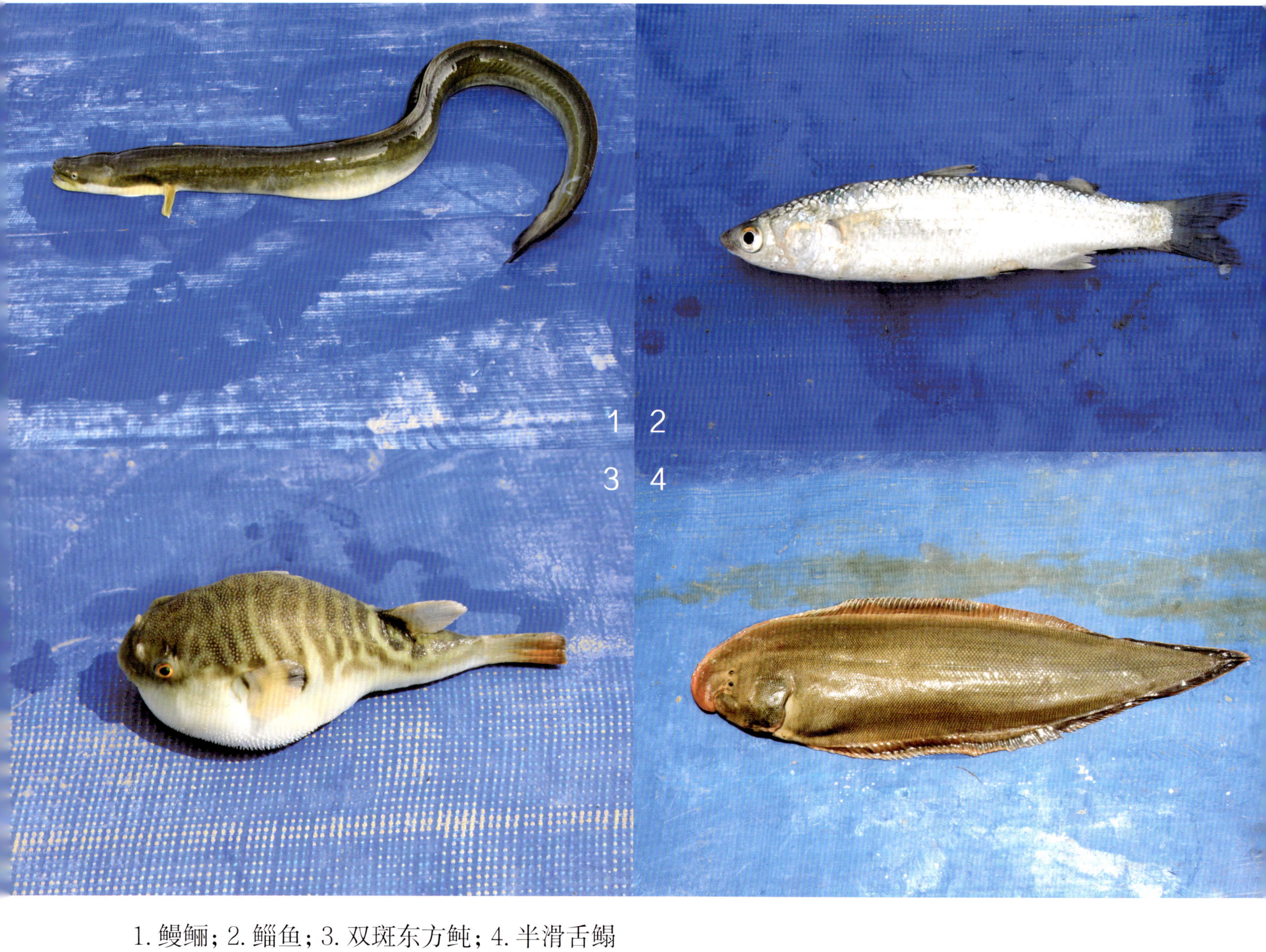

1. 鳗鲡；2. 鲻鱼；3. 双斑东方鲀；4. 半滑舌鳎

鲈鱼

1. 鲢；2. 鳙鱼（花鲢）；3. 花鱼骨；4. 鳜鱼

子陵吻鰕虎鱼

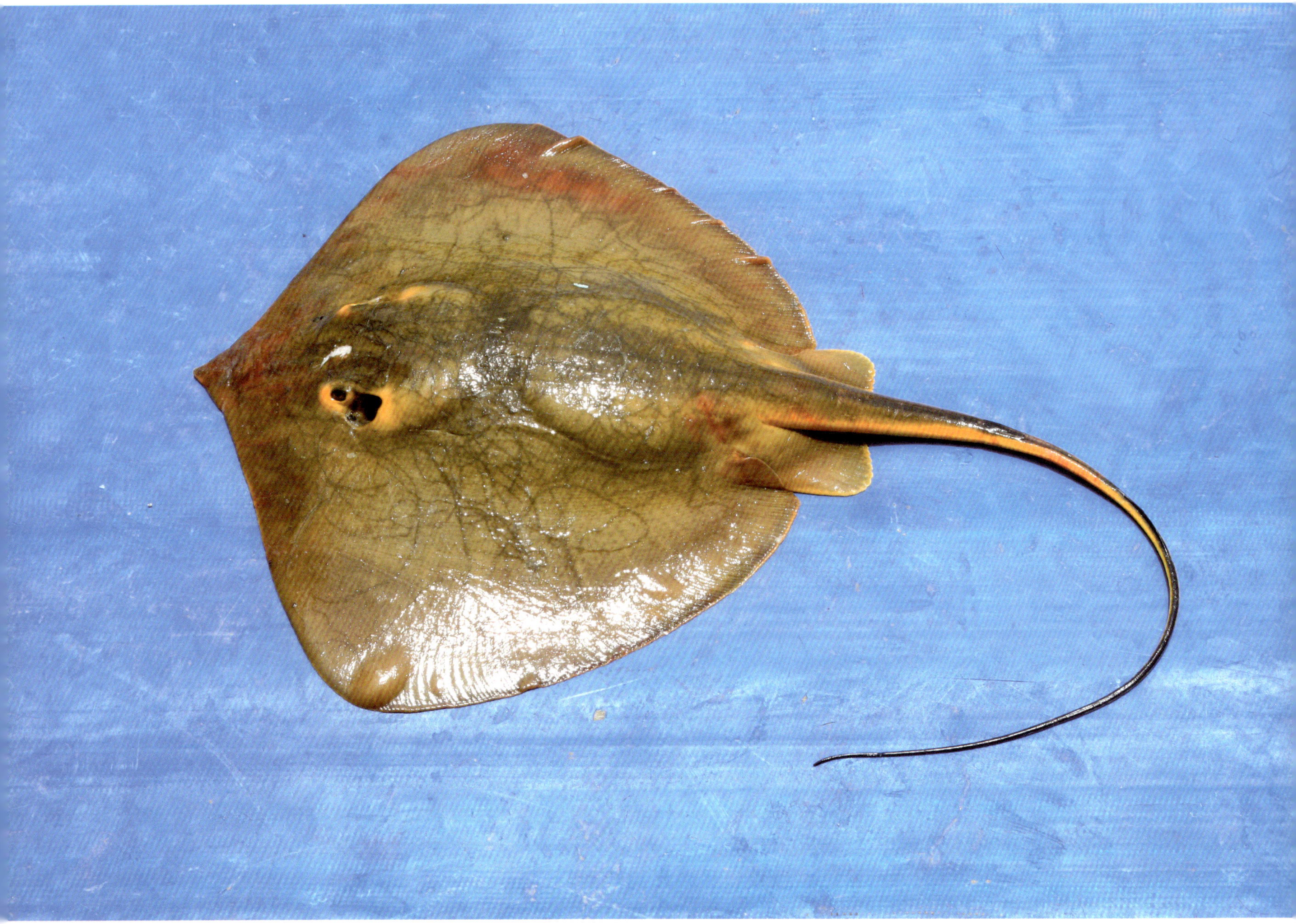

赤魟

弹涂鱼

底栖生物与爬行类动物

浦东新区湿地大型底栖动物密度和生物量较高，生物多样性较丰富。全区共有大型底栖动物 87 种，九段沙湿地国家级自然保护区共鉴定大型底栖动物 82 种，是上海市重点调查区域底栖动物种类最多的湿地区，其中节肢动物 42 种、软体动物 25 种、环节动物 13 种、腔肠动物和纽形动物均为 1 种。主要物种有 4 种，为无齿螳臂相手蟹、河蚬、缢蛏和中国绿螂。九段沙保护区共记录到褐家鼠 1 种哺乳类动物。

南汇东滩野生动物禁猎区共采集大型底栖动物 27 种，其中软体动物和节肢动物均为 12 种，环节动物仅有 3 种。主要物种共有 10 种，分别为摇蚊幼虫、中华蝶赢蜚、中国绿螂、优雅河螺、绯拟沼螺、光滑狭口螺、河蚬、泥螺、彩虹明樱蛤和中华拟蟹守螺。区域内共记录到中华蟾蜍、黑斑蛙、泽蛙和金线蛙 4 种两栖动物，褐家鼠及黄鼬 2 种哺乳类动物，未发现爬行动物。

底栖动物栖息环境

弧边招潮蟹

锯缘青蟹

宽身大眼蟹

豆形拳蟹

天津厚蟹

中华绒螯蟹苗

中华虎头蟹

三疣梭子蟹

缢蛏

泥藤壶

泥螺

中华拟蟹守螺

焦河篮蛤

彩虹明樱蛤

菲拟沼螺

瘤背石磺

泽蛙

泽蛙蝌蚪

第四章　重要湿地

根据《全国湿地资源调查技术规程》(2010)和《上海市第二次湿地资源调查技术实施细则》(2011)的界定，浦东新区共涉及重点调查湿地区 2 个，即九段沙湿地国家级自然保护区和南汇东滩野生动物禁猎区。浦东新区两块重点调查湿地的总面积为 43369.68 公顷，占全区湿地面积的 29.48%。其中自然湿地 42531.88 公顷，人工湿地面积 837.8 公顷。自然湿地主要为近海与海岸湿地，面积为 41281.72 公顷。

九段沙湿地国家级自然保护区

九段沙湿地国家级自然保护区位于上海市浦东新区，长江口外南侧水道的南北槽之间的拦门沙河段，北以深水航道南导堤中线为界，南以长江南槽航道北线为界，东西以 -6 米等深线为界。地理坐标范围为东经 121°46′20.582″~ 122°15′9.487″，北纬 30°02′59.887″~ 31°17′15.020″，平均海拔 2.01 米。区域内湿地总面积为 41281.72 公顷。

九段沙湿地国家级自然保护区是长江口地区唯一基本保持原生状态的河口湿地，是鸟类迁徙的重要中途停歇地和越冬地，有遗鸥 1 种国家一级保护鸟类，黑脸琵鹭、小天鹅等 15 种国家二级保护鸟类，是东亚—澳大利亚鸻鹬鸟类保护网络的重要成员之一，也是中国自然生态保护网络的重要组成部分。

2000 年 3 月 8 日，上海市人民政府批准建立“上海市九段沙湿地自然保护区”。同年 8 月 8 日，上海市九段沙湿地自然保护区管理署成立。2003 年 9 月 29 日，上海市人民政府颁布《上海市九段沙湿地自然保护区管理办法》。2005 年 7 月 23 日，国务院批准建立“上海九段沙湿地国家级自然保护区”。保护区主要保护对象为河口型新生湿地生态系统、发育早期的河口沙洲地貌及其发育过程、重要经济水产物种资源、珍稀濒危的水生动物和鸟类种群、水生动物产卵和育肥生境。

上海九段沙湿地国家级自然保护区

九段沙形成与演变

公元 1842 年前，长江南支河段的下段 5 米等深线尚未分汊，其北港和南港之间的铜沙浅滩是动力相对较弱的缓流区，它包括现在的横沙岛、横沙东滩和九段沙的前身。1880 年横沙岛经人工围垦成陆，在横沙岛的东侧存在着广阔的水下浅滩，九段沙原来是横沙东滩的组成部分之一。横沙东滩被长江口北槽串沟切开后，到 20 世纪 40 年代中期，被切割出来的那部分逐渐淤涨形成三个比较明显的水下阴沙，这就是九段沙的雏形。

长江口北槽串沟经历 40 年的强烈冲刷不断扩大。1949 年和 1954 年的特大洪水使 5 米深槽贯穿整个串沟形成北槽，九段沙开始作为一个独立的沙体，成为长江口南北槽的分流沙洲。1961 年，九段沙 0 米等深线已较明显地分为九段上沙、九段中沙和九段下沙三个沙体。进入 70 年代以后，九段沙已基本成型，其位置也相对稳定，但九段中沙、下沙沙体逐渐连成一体。另外，九段沙中沙、下沙体南北宽度和东西长度都明显增大。进入 80 年代，九段沙的上沙和中、下沙的北侧均因北槽的发展而遭到侵蚀。同时，长江南边滩受落潮流的切割作用，而逐渐加深加宽形成新的南槽。1986 年，新形成的南槽代替老南槽，江亚南沙真正脱离长江南边。江亚南沙的形成使长江口又多了一个水下沙洲。根据对江亚南沙形成和发展趋势的研究，它必将与九段沙连成一体。1995 年以后，九段沙形态上无多大变化，其形态演变的趋势逐渐稳定。

1998 年，长江口深水航道一期整治工程开始进行。在九段沙的北侧建造了 10 千米长的南导堤，促使九段上沙头 0 米等深线向上推移 2 千米，加速了导堤南侧九段沙的淤积，并造成九段上沙和中、下沙之间的深泓消亡。随着泥沙在九段沙的淤积，九段沙在未来将成为长江口的第三代崇明岛。

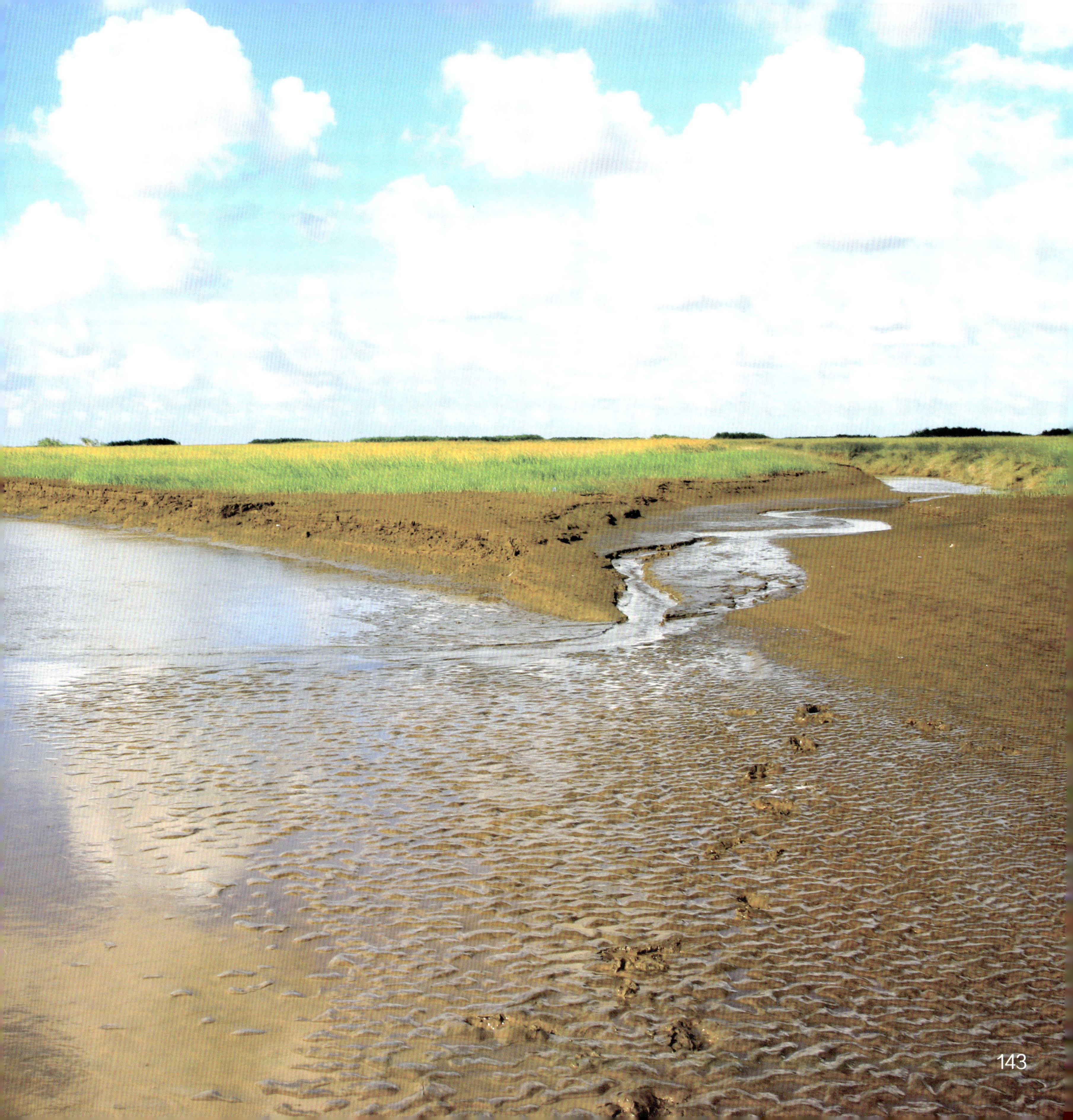

主要植物

九段沙湿地国家级自然保护区共记录到高等植物 16 科 45 属 49 种。其中被子植物 16 科 43 属 46 种，苔藓植物 2 科 2 属 2 种，无裸子植物和蕨类植物。主要优势物种为芦苇、互花米草、海三棱藨草、藨草、菰、碱菀等。九段沙湿地国家级自然保护区植物区系以世界分布、泛热带分布和北温带分布为主。

九段沙湿地国家级自然保护区自然野生植物群系 6 个，即芦苇群系、糙叶薹草群系、互花米草群系、海三棱藨草群系、藨草群系、菰群系。湿地植被面积 5240.79 公顷。

主要动物

九段沙湿地国家级自然保护区内共记录到陆生脊椎动物 15 目 42 科 171 种。其中，两栖类仅中华大蟾蜍 1 种，鸟类 13 目 40 科 169 种，哺乳类仅褐家鼠 1 种。

第二次湿地调查期间，记录到鸟类 7 目 18 科 59 种 9827 只，其中水鸟 6 目 8 科 46 种 9372 只，记录到数量最多的 5 种水鸟分别是斑嘴鸭（3010 只）、绿头鸭（2462 只）、中杓鹬（854 只）、赤颈鸭（687 只）和翘嘴鹬（385 只）。其中记录到国家二级重点保护野生动物 2 种，分别是小天鹅和黄嘴白鹭。记录到哺乳动物 1 目 1 科 1 种，即褐家鼠。

根据 2006 ~ 2012 年上海市水鸟同步调查结果，九段沙湿地国家级自然保护区共记录到水鸟 7 目 16 科 98 种。其中国家一级重点保护鸟类 2 种，分别为东方白鹳和遗鸥；国家二级重点保护鸟类 6 种，分别为小天鹅、鸳鸯、小杓鹬、黄嘴白鹭、黑脸琵鹭和白琵鹭。斑嘴鸭、中杓鹬和环颈鸻等 3 种水鸟的单次记录数量达到或超过湿地国际《水鸟种群估计第 4 版》的 1% 标准。

九段沙湿地国家级自然保护区共鉴定大型底栖动物 82 种。其中节肢动物最多，有 42 种，占 51.22%；软体动物次之，有 25 种，占 30.49%；环节动物有 13 种，占 15.85%；腔肠动物和纽形动物均仅有 1 种。主要物种有 4 种，为无齿螳臂相手蟹、河蚬、缢蛏和中国绿螂。区域内共鉴定出鱼类 38 种，隶属 11 目 18 科。

南汇东滩野生动物禁猎区

南汇东滩野生动物禁猎区位于上海市浦东新区，长江口南岸。北侧为长江口南槽，南侧为杭州湾，东至0米线，地理坐标为东经 121°50′31.408″～121°59′55.202″，北纬 30°50′48.222″～31°07′21.882″，平均海拔 4.0 米。总长 40.3 千米，宽为 2.8～4.9 千米，总面积为 122.5 平方千米，湿地总面积 2087.96 公顷。

南汇东滩野生动物禁猎区以保护迁徙和越冬候鸟为主，区域候鸟栖息地范围内，只要有野生动物栖息、停歇、繁殖和活动的区域，均属禁止猎捕野生动物范围。划建禁猎区是对野生动物及其栖息地的重要保护措施。此前在上海，由区县人民政府划建禁猎区尚无先例，禁猎区的成立对该地区的野生动物资源保护管理提供了法律法规保证，对非法偷猎行为起到一定的震慑作用，对上海市野生动物保护产生了积极推动作用。

主要植物

南汇东滩禁猎区共记录到高等植物 21 科 37 属 43 种。其中被子植物 21 科 37 属 43 种，无裸子植物、蕨类植物和苔藓植物。主要优势物种为芦苇、藨草、水烛、菰、穗状狐尾藻等，其中有国家二级保护物种中华结缕草。南汇东滩禁猎区植物区系以世界分布 (54.05%)、泛热带分布 (8.11%) 和北温带分布 (16.22%) 为主。

南汇东滩禁猎区（堤外）自然野生的植物群系有互花米草群系、海三棱藨草群系，湿地植被面积 118.69 公顷；南汇东滩禁猎区（堤内）自然野生的植物群系有芦苇群系、藨草群系、水烛群系、菰群系和穗状狐尾藻群系，湿地植被面积 712.64 公顷。

主要动物

南汇东滩野生动物禁猎区内共记录到陆生脊椎动物 30 目 77 科 346 种。其中，两栖类共 1 目 4 科 7 种，爬行类 3 目 7 科 16 种，鸟类 20 目 60 科 317 种，哺乳类 6 目 6 科 6 种。其中国家一级重点保护野生动物 3 种，分别是东方白鹳、白鹤和遗鸥；国家二级重点保护野生动物 31 种，分别是大天鹅、小天鹅、白额雁、鸳鸯、小杓鹬、黄嘴白鹭、黑脸琵鹭、白琵鹭、角䴙䴘、卷羽鹈鹕、黑翅鸢、黑耳鸢、赤腹鹰、雀鹰、日本松雀鹰、普通鵟、白腹鹞、白尾鹞、鹊鹞、鹗、游隼、燕隼、灰背隼、红脚隼、红隼、东方角鸮、鹰鸮、长耳鸮、仙八色鸫、红翅绿鸠、小鸦鹃。南汇东滩野生动物禁猎区是上海市鸟类新记录的集中发现地，2004 年以来有 20 种上海市新记录鸟类在此被发现。

第二次全国湿地资源调查期间南汇东滩野生动物禁猎区共采集大型底栖动物 27 种。其中软体动物和节肢动物均为 12 种，两者共占 88.89%；环节动物仅有 3 种，占 11.11%。主要物种有 10 种，分别为摇蚊幼虫、中华蜾蠃蜚、中国绿螂、优雅河螺、绯拟沼螺、光滑狭口螺、河蚬、泥螺、彩虹明樱蛤和中华拟蟹守螺。鉴定出鱼类 27 种，隶属 12 目 15 科。

第五章　湿地资源保护、利用与管理

近年来，浦东新区林业部门通过多种形式在“世界湿地日”、“爱鸟周”、“野生动物保护宣传月”等活动中广泛宣传湿地与野生动物保护；通过执法，打击破坏野生动物与湿地资源的行为；与相关科研院校、世界自然基金会（WWF）积极开展湿地调查、修复、资源保护、野生动物引进与驯养、野放等研究，为湿地多样性及科学保护积累了一定的数据。

但是通过调查发现：浦东新区快速城市化使得湿地结构、功能和分布不断发生变化，湿地生物资源遭到过度利用，湿地人工化趋势加速；大量滩涂湿地的围垦导致近海与海岸湿地资源总量和比重下降，湿地发展空间不足；长江上游来水来沙减少、海岸侵蚀、全球气候变化、水质与重金属污染以及外来物种入侵等综合作用，造成湿地资源减少、湿地生物多样性降低、湿地生态功能退化。

各级政府部门要充分认识湿地资源的功能，结合浦东新区湿地生态区位和湿地脆弱性，充分发挥浦东新区典型亚热带过渡性滨海—内陆湿地生态系统的各项生态功能，实现浦东新区整体生态系统的良性循环。本着持续发展的原则进行湿地资源利用规划，依据浦东新区不同湿地类的特点，发挥湿地的各种功能，为浦东新区的安全构筑一道生态屏障。

上海滨江森林公园
Shanghai Binjiang Forest Park
獐
重回故里

WWF
WEA
世界河口伙伴成立暨河口愿景联合发布仪式
World Estuary Alliance launch ceremony & Joint Launch of Estuary/Delta Vision
主办单位：
WWF（世界自然基金会）
上海市绿化和市容管理局
上海市浦东新区人民政府
协办单位：
上海市野生动物保护与管理站
上海市浦东新区环境保护和
市容卫生管理局
技术支持：

浦东新区中小学生九段沙湿地之旅
科学实践基地

科研调查

POLICE

执法行动

后记

特别感谢上海市绿化和市容管理局以及上海市与浦东新区林业、环保、水务（海洋）和农业部门的大力支持与协助，感谢所有参加湿地资源调查的单位和调查队员的通力合作和辛勤工作。感谢本画册中照片提供单位和个人，照片提供单位和个人主要有上海市野生动植物保护协会、上海市九段沙湿地自然保护区管理署、上海市野生动植物保护管理站袁晓。感谢编写人员的辛勤劳作。华东师范大学河口海岸国家重点实验室的袁琳、吴文挺、朱春娇、葛芳为本书的出版付出了辛勤的汗水，在此谨向他们表示深深的谢意。